OBSERVATIONS

SUR LES RAVAGES EXERCÉS

PAR

LA MORVE CHRONIQUE

ET LE FARCIN

SUR LES CHEVAUX DU 12me DE CHASSEURS,

DEPUIS 1840 JUSQU'EN 1845,

PAR

M. ED. RIGAU,

Capitaine instructeur.

TARBES,

J.-A. FOUGA, IMPRIMEUR DE LA PRÉFECTURE.

—

1845.

OBSERVATIONS

SUR LES RAVAGES EXERCÉS

PAR

LA MORVE CHRONIQUE

ET LE FARCIN

SUR LES CHEVAUX DU 12me DE CHASSEURS,

DEPUIS 1840 JUSQU'EN 1845.

> *(L'homme)* est fait pour connaître la vérité; il la désire ardemment, il la cherche!...
>
> (Pensées de Pascal, 2e partie, art. 1er.)

Les ravages exercés par la morve chronique, depuis quelques années, ont dû naturellement appeler les réflexions de beaucoup d'officiers, et, en général, celles de toutes les personnes qui portent un intérêt sérieux à la cavalerie, cette partie de l'armée si belle, si difficile, et qui, à tant de titres, mériterait une organisation meilleure. Nous disons si difficile, car quelque respectable que soit la bouche qui a prononcé une parole contraire, elle sera reçue par la généralité des officiers penseurs comme une sentence paradoxale. Toutefois, nous conservons l'espérance de devoir un jour à quelque haute capacité militaire, qui saura se rendre prépondérante, un état de choses plus approprié à nos besoins présents et qui nous place enfin dans des conditions favorables aux importants services qu'on doit attendre d'une cavalerie forte, mobile et homogène.

Les tendances au perfectionnement, fruit d'une longue paix, se manifestent en général, surtout dans un certain ordre de choses intellectuelles. Le voile qui a long-temps couvert tout ce qui a rapport à la morve chronique et à ses ravages semble enfin se soulever un peu, grâce aux travaux de savants vétérinaires qui, par leurs études profondes, ont placé leur art dans le domaine des sciences. Les écrits de M. Moutonnet père, médecin vétérinaire à Paris, jetteront sans doute de grandes lumières sur la nature de ce fléau, qui, depuis tant d'années, est à l'état problématique.

En nous occupant avec un peu de persévérance de l'hygiène des chevaux, nous avons eu à recueillir une somme de faits et d'observations enregistrés avec d'autant plus de soin, que nous avons vu la morve chronique sévir avec plus de rigueur ; il était de notre devoir d'en suivre tous les détails, de nous en faire rendre compte, et nous avons cru opportun de consigner dans un rapport des faits reconnus, appuyés d'un tableau numérique comparé depuis 1840 jusqu'en 1845.

Depuis fort long-temps, on n'a eu à constater au 12me régiment de chasseurs que deux ou trois cas de morve sèche, fort peu de morve aiguë, à peu près un cas sur quarante chevaux morveux.

Lorsque toutes les conditions de la plus prudente hygiène ont été remplies, jusqu'à pousser la précaution au-delà des limites ordinaires, et qu'on voit un fléau dont la présence était à peu près inconnue s'abattre avec furie sur un corps, on est conduit à diriger son esprit d'analyse sur les causes d'une action plus directe, quoique plus latentes.

Il nous a fallu plusieurs années de réflexion pour asseoir quelque peu notre jugement sur la morve chronique, qui nous préoccupe depuis long-temps; aujourd'hui, une conviction s'est à peu près formée dans notre esprit, et nous croyons devoir nous y arrêter jusqu'à ce que de nouvelles lumières et des épreuves plus convaincantes nous soient offertes; du reste, le fléau en s'éloignant ne laisse pas notre tâche terminée, nous la poursuivrons avec la même patience. Il est de notoriété publique que la morve chronique est, sinon impossible, du moins très-difficile à guérir, surtout lorsqu'elle est parvenue à ce que l'on est convenu d'appeler deuxième degré : c'est donc une raison de plus d'y mettre ordre et de s'en préserver. Aussi, contrairement à l'opinion de beaucoup de personnes, voudrions-nous, lorsqu'il fait trop mauvais temps, que les chevaux ne fissent que de courtes promenades et sur des terrains où ils ne se couvrissent pas de tant de boue, que, malgré le meilleur pansage, on trouvait encore des chevaux, au repas du soir, ayant le ventre humide. Nous voudrions aussi qu'à l'époque du travail d'été les chevaux ne fussent pas sanglés trop tôt après avoir mangé l'avoine, ce qui fait que l'on entasse mauvaise digestion sur mauvaise digestion, ce dont on ne s'aperçoit pas tout d'abord, mais que l'on paie cher plus tard; ceux qui sont restés à la gauche d'un régiment partant pour la manœuvre de grand matin ont pu remarquer comme nous de l'avoine mal digérée. Mais, dira-t-on, il faut que le cheval comme le soldat s'habitue à tout, il faut ainsi les préparer à l'état de guerre. Ce raisonnement, si souvent répété qu'il en est devenu banal, nous paraît plus spécieux que péremptoire. En temps de guerre, l'état de privation, de souffrance, de fatigue est l'état normal (nous généralisons toujours); c'est l'état de la veille comme celui du lendemain : alors il y a véritablement à s'habituer à une existence qui, pendant un temps plus ou moins long, doit être constamment la même. En paix, il n'en est plus ainsi : nos chevaux mangent régulièrement aux mêmes heures; ils couchent à couvert dans des écuries où la température est observée par MM. les Vétérinaires. Mettre à côté de ce régime uniforme quelques circonstances trop fâcheuses, répétées à des intervalles de temps plus ou moins éloignés, cela nous semble contraire à l'hygiène. Nos chevaux n'étant pas accoutumés à sentir une humidité prolongée sous le ventre, aux flancs et au poitrail, nous devons agir de telle sorte qu'un bon pansage puisse rassurer à cet égard. De ce que nous aurons peut-être un jour à nous compléter par la guerre, s'ensuit-il que nous devions nous établir en plein champ, dès aujourd'hui, pendant des nuits froides, humides et pluvieuses, en nous privant de nourriture, parce qu'un jour elle pourra nous manquer? Nous risquerions d'arriver débiles au temps de l'épreuve au lieu d'y paraître forts et résistants.

Relativement à la morve chronique, l'opinion qui se propage parmi les hommes éclairés, réfléchis, intègres, reconnaît les causes que nous allons énumérer :

1° L'appauvrissement du sang des chevaux. Les cultivateurs, soit par ignorance, incurie, économie mal entendue, ou enfin par le manque d'encouragement, les nourrissent mal ou ne les nourrissent pas assez, ne leur donnent pas assez de grain.

2° La qualité des fourrages, en général beaucoup trop médiocre, et l'insuffisance de la ration, surtout en avoine, pour les jeunes chevaux particulièrement, puisqu'on ne saurait en rien retrancher *sans un danger réel.*

3° Cette troisième cause, nous ne ferons que l'indiquer avec réserve; nous l'avons entendu énoncer par des hommes plus experts que nous; et comme nous ne nous sentons rien qui nous autorise à la traiter, nous ne ferons que la livrer à l'appréciation de ceux qui se croient en état de la bien juger : elle tiendrait à des étalons trop fatigués, et dans le choix desquels on n'aurait pas toujours apporté un examen assez sévère. N'admet-on pas aussi quelquefois, trop souvent peut-être, à la saillie, des juments qui devraient en être éloignées ?

4° Les mauvaises localités, les écuries malsaines, le manque d'espace, les mauvaises expositions.

Nous allons tâcher d'entrer dans quelques développements, en procédant par des faits, par des chiffres, et en nous appuyant de l'autorité de quelques hommes d'un mérite véritable, que leur caractère personnel relève encore. Peut-être cette espèce de petit compte-rendu trouvera-t-il un écho favorable à notre cause.

Le 12me de chasseurs, après avoir fait d'une manière honorable la garnison de Paris, depuis le 16 mai 1839 jusqu'au 24 mai 1840, a quitté la capitale pour se rendre à Toul, où il est arrivé le 16 juin ; pendant les 28 ou 29 mois que nous demeurâmes dans cette dernière ville, nous reçûmes plus de 500 chevaux de remonte venant de Tarbes, de Calais et de Haguenau ; les remontes de Haguenau étaient assez médiocres, probablement à cause de la précipitation, en quelque sorte forcée, avec laquelle elles furent faites : elles semblaient se ressentir de cette espèce d'agitation fébrile produite par la velléité guerrière de l'époque.

Après la réception d'un si grand nombre de jeunes chevaux, il était à craindre que la morve n'exerçât ses ravages ; mais les soins qui leur furent donnés, et la bonne alimentation qui leur fût fournie, malgré la mauvaise récolte de 1841, firent qu'il n'y en eut que très-peu d'attaqués.

Les pertes, en effet, tant en jeunes qu'en vieux chevaux, ne dépassèrent pas pour ainsi dire, en moyenne, celles des années ordinaires, qui furent de 28 à 30 ; car pendant ces 29 mois le régiment ne perdit que 90 chevaux.

C'est, sans doute, beaucoup ; mais ne doit-on pas avoir égard au service fatigant de Paris pendant un an ; considérer qu'à cette époque presque tous les chevaux étaient du Midi ; que l'alimentation, quoique bonne dans le Nord, n'est pas toujours aussi substantielle que dans certaines contrées méridionales, et qu'enfin, nos chevaux ont été obligés de s'acclimater, ce qui a dû nécessairement occasionner la perte de plusieurs, de ceux surtout dont la poitrine était faible, et qui, par conséquent, ne réunissaient pas les conditions principales du cheval de troupe ? Malgré cela, après le camp de Lunéville, tous les chevaux du régiment étaient dans le meilleur état de santé possible, et il n'y avait, le 1er octobre 1842, que 27 chevaux à l'infirmerie, sur un effectif de 733 chevaux.

En arrivant à Vienne, le 9 novembre 1842, tous les chevaux étaient dans un état de santé parfait, dans un embonpoint remarquable ; il n'y avait ni morve, ni farcin, ni même le plus léger symptôme de ces maladies.

Quelque temps après notre arrivée dans cette ville, nous remarquâmes, conjointement avec M. Huguet, vétérinaire en 1er, et M. Marquis, vétérinaire en 2me, que le foin était commun, mélangé de lèches, de renoncules et de presles, souvent humide, constamment avarié par son séjour à l'air, *enfin*, d'une qualité médiocre, et très-peu nourrissant.

La paille était grosse et sans fane ; elle avait une odeur de moisi très-prononcée ; elle était véritablement rouillée, et dans les tiges, près des nœuds, elle renfermait une poussière noirâtre. Nous pensâmes tous qu'elle devait être une nourriture malsaine et qu'elle occasionnerait diverses maladies, particulièrement la morve et le farcin, si l'usage en était continué. C'est ce qui eut lieu; car, malgré les plaintes qui furent formulées nettement par nous pendant 20 mois, ces aliments furent toujours les mêmes. Seulement, durant les deux mois qui précédèrent l'inspection de M. le Lieutenant-général comte de Grouchy, la paille fut de beaucoup supérieure à celle qui avait été livrée précédemment, ce qui fut constaté. A la même époque et à force de plaintes, nous parvînmes à obtenir du foin de Bourgogne d'une qualité passable.

Après deux mois de séjour à Vienne, la morve et le farcin commencèrent à se déclarer, mais ce ne fut que sur quelques chevaux affectés de phthisie pulmonaire et qui, par cette raison, se trouvaient plus susceptibles d'être influencés par la mauvaise qualité des fourrages.

Chaque mois le nombre des cas de ces maladies augmenta et elles se manifestèrent indistinctement sur les jeunes comme sur les vieux chevaux, sur ceux d'un bon comme d'un mauvais tempérament; elles devinrent aussi plus intenses, les symptômes en étaient plus graves, la marche plus rapide; enfin, la morve devint si rebelle, qu'on ne put guérir aucun des chevaux qui en furent affectés. Souvent le farcin était guéri, mais immédiatement après la guérison, la morve se déclarait, et l'on était obligé de sacrifier les animaux.

Si la manière de servir de M. Hüguet, vétérinaire en 1er, ne parlait pas mieux en sa faveur que tout ce que l'on pourrait écrire, nous croirions devoir faire ici longuement son éloge; toutefois nous nous plaisons à répéter qu'il ne se démentit pas un seul jour, et que, vivement affligé de cet état de choses, il sut ne pas se laisser aller au découragement : praticien expérimenté, M. Huguet a constamment fait preuve d'une activité consciencieuse, persévérante et éclairée, que l'on pourrait presque dire sans rivale. Par suite de la position du régiment à Vienne, le vétérinaire en 2me fut long-temps détaché. On s'aperçut à Lyon principalement qu'avec une grande modestie, ce jeune homme possédait un talent réel dont l'État saura profiter. Le 30 août 1836 il remporta à l'école d'Alfort le 2me prix de la 3me année d'études, et le 1er prix de la 4me année d'études le 31 août 1837.

Six mois après notre arrivée à Vienne, et sous l'influence de cette mauvaise nourriture, presque tous les chevaux étaient maigres, avaient le poil terne et piqué, beaucoup étaient affectés de toux qu'il était quelquefois difficile de faire disparaître ; leur santé était délabrée; en un mot, le sang des chevaux était absolument appauvri.

La nourriture malsaine que les chevaux prenaient, poussés par la faim qui les tourmenta pendant 20 mois, a irrité lentement le tube digestif; parvenue dans les intestins, où les bouches des vaisseaux lymphatiques absorbent le chyle, elle irrita ces organes par ses principes nutritifs de mauvaise nature ; cette irritation gagna sourdement les ganglions lymphatiques de toute l'économie animale, et les engorgea. Ce chyle âcre, jeté dans le torrent de la circulation, a vicié le sang et irrité l'organe pulmonaire destiné à son élaboration, a fait naître les tubercules et a mis les chevaux sous une influence maladive telle, que le moindre catarrhe dégénérait en morve, et que la moindre contusion produisait des boutons de farcin, ce qui caractérise d'une manière évidente et souveraine l'appauvrissement du sang. (Voir ce que dit à ce sujet M. Bouley jeune dans son intéressant ouvrage, intitulé : *Police sanitaire vétérinaire*, page 782. Rapport à M. le Colonel du 3me dragons.)

Les différentes maladies, telles que la morve, le farcin et les hydrothorax sans inflammation apparente, qui ont régné au régiment pendant son séjour à Vienne, ont donc été accasionnées par la médiocre qualité du foin et la très-mauvaise qualité de la paille. L'avoine seule était bonne.

Peut-être les fatigues du camp de Lyon, en août et en septembre 1843, et les instructions préparatoires ont-elles pu avoir aussi une certaine influence sur la santé des chevaux ; mais nous croyons que cette influence a seulement accéléré, chez les chevaux en mauvaise santé et dont le germe de la maladie existait déjà (les tubercules du poumon), le développement de ces maladies. Toutefois, si, avant le camp, ils avaient eu une bonne nourriture ; si, après les grandes manœuvres, de retour à la garnison, ils avaient été nourris sainement, il est certain que ces maladies eussent été moins nombreuses, moins graves, et que la mortalité n'eût pas été portée à un chiffre aussi élevé que celui que nous allons indiquer dans le tableau ci-après :

Pertes à Toul pendant 29 mois de garnison.

Morve	58.	Morts en route venant de remonte,	2. Total.	60
Phthisie	2		»	2
Hydrothorax	6		»	6
Pneumonie	6.	Mort en route venant de remonte.	1	7
Paralysie	3		»	3
Vertige	3		»	3
Tétanos	1		»	1
TOTAL des maladies.	79		3	82
Accidents.				
Hémoptysie	1		»	1
Rupture de l'estomac	1		»	1
Rupture de la veine cave	1		»	1
Fractures et blessures	8.	Mort en route venant de remonte.	1	9
	90		4	94
Et ajouter 2 chevaux d'officier, abattus pour morve, un appartenant à M. le capitaine Pognard, et l'autre à M. le lieutenant Roussel	2		»	2
	92		4	96

Nous ferons remarquer que, sur ce chiffre 96, il y a 11 accidents et 4 chevaux morts en venant de remonte; en déduisant ces deux derniers chiffres du chiffre 96, nous trouvons que 81 chevaux seulement ont été perdus par maladie.

Pertes à Vienne pendant 23 mois de garnison.

Morve	108	» Total.	108
Farcin	1	»	1
Hydrothorax	14	»	14
Phthisie	6	»	6
Pneumonie	2	»	2
Paralysie	1	»	1
Indigestion	1	»	1
Total des maladies.	133	»	133

Report.	133		133
Accidents.			
Rupture de la veine cave.	1	»	1
Blessures et fractures.	3	Mort en route venant de remonte. 1	4
	137	1	138

Dans le chiffre 108, exprimant le nombre des chevaux perdus par la morve, sont compris deux chevaux d'officier, l'un appartenant à M. le lieutenant Bobillier, et l'autre à M. le sous-lieutenant Allix.

Dans le chiffre 138, exprimant la totalité des pertes, on remarquera que quatre chevaux seulement ont été perdus par accident et en venant de remonte. Ainsi, à Toul, où le régiment est resté 29 mois et où nous avons reçu plus de 500 chevaux de différentes remontes, nous avons eu une perte de 96 chevaux tout compris, tandis qu'à Vienne où nous ne sommes restés que 23 mois, nous trouvons que le chiffre des pertes réelles s'élève à 138.

122 chevaux ont été affectés de morve à Vienne : 108 ont été perdus, 13 ont été sauvés comme par miracle, et un qui était encore en traitement vient d'être abattu.

Il a été constaté que lorsque deux escadrons du régiment furent envoyés à St-Étienne, l'un commandé par M. le capitaine Despret, et l'autre par M. le capitaine Millet, sous les ordres de M. le commandant Dubois, ils partirent avec des chevaux maigres, et que, rentrant deux mois après à la garnison de Vienne, ces mêmes chevaux avaient un bel embonpoint.

Cette amélioration ne peut être attribuée évidemment qu'à la bonne qualité des fourrages; trois chevaux seulement furent affectés de morve quelques jours après leur arrivée à St-Étienne.

Une preuve convaincante que la paille était nuisible à la santé des chevaux, c'est qu'ils en mangeaient peu, et que nous avons toujours eu à Vienne une litière surabondante; une autre preuve que la paille était mauvaise, c'est l'expertise qui eut lieu à Vienne au mois d'août 1843 pendant le camp de Lyon : des deux experts appelés pour juger cette paille, l'un, cultivateur, pris par le régiment, la trouva passable; l'autre, vétérinaire de la ville, désigné par l'agent comptable, la trouva mauvaise; il fallut appeler un tiers-arbitre, et l'on nomma un médecin très-connu, qui, après avoir examiné attentivement cette paille, se prononça ainsi : « Si des hommes mangeaient des aliments ayant éprouvé une pareille détérioration, ils seraient affectés de maladies de la peau. Je ne connais pas celles que cette nourriture doit faire naître chez le cheval; je déclare que cette paille est de mauvaise qualité, et qu'elle a subi un commencement de décomposition. » Enfin, pour donner une dernière preuve de la mauvaise qualité des fourrages, nous dirons que, lors de l'inspection de M. le lieutenant-général comte d'Astorg, une certaine quantité de foin avait été jugée par lui comme ne pouvant offrir aux chevaux une nourriture suffisamment saine en raison des pluies considérables que ce foin avait reçues pendant qu'on le mettait en meule. Malgré cette décision, le foin fut donné par vingtième, mélangé avec du foin qui était déjà assez médiocre.

Ainsi, il n'en coûta rien à l'administration, il est vrai:

mais la morve fit des progrès, et le régiment, pendant 23 mois qu'il tint garnison à Vienne, perdit plus de chevaux qu'il n'en avait auparavant perdu pendant plus de six années.

Au reste, il est à remarquer que lorsque les fourrages sont fournis par l'administration, ils sont souvent de moins bonne qualité que lorsqu'ils sont octroyés par entreprise. Citons, à ce sujet, un passage des notions élémentaires de médecine vétérinaire, par M. Rodet :

« Dans différents temps, le Gouvernement a voulu » entreprendre de fournir les fourrages à son compte, » et au moyen d'agents délégués par lui pour cet objet. » Ce mode de fourniture, qui devrait avoir tous les » avantages dont ces entreprises sont susceptibles, est » cependant loin d'atteindre ce but; il a constamment » présenté, au contraire, des inconvénients plus grands » encore que ceux que l'on est en droit de reprocher » aux fournitures faites par des entrepreneurs particu- » liers; car, soit manque de connaissances suffisantes, » soit fraude et abus de confiance de la part des per- » sonnes chargées de ces fournitures, soit enfin pour » tout autre motif, elles étaient rarement préférables à » celles des entrepreneurs, dont elles avaient ordinaire- » ment tous les vices, et se trouvaient même souvent, » au contraire, beaucoup au-dessous, pour la qualité » des denrées, de celles fournies par ces derniers. Mais » ce qui doit surtout servir à en faire connaître mieux la » différence, c'est que, dans le cas où les corps ont à se » plaindre des fourrages livrés par les entrepreneurs

» particuliers, ils peuvent, en adressant leurs plaintes » à l'autorité compétente, en obtenir justice quand elles » sont fondées, tandis que, quand les fournitures se » font au compte du gouvernement, leurs plaintes, quel- » que justes, quelque fondées qu'elles soient, restent » très-souvent sans effet, sous prétexte que les denrées « délivrées sont celles achetées par les agents délégués » à cet effet par le gouvernement, et que, par conséquent, » puisqu'elles appartiennent à l'État, on doit, pour les » utiliser, les faire consommer telles qu'elles sont : ré- » ponse captieuse, qui ne remédie jamais ni au mal » présent, ni à la continuation des mauvaises fournitures » aux époques successives, et qui ne sert qu'à couvrir » ou l'incurie des personnes chargées de la surveillance » des subsistances, ou les manœuvres insidieuses de cel- » les qui sont chargées des achats et des livraisons. »

Nous avons dit que la ration des chevaux était insuffisante, puisque l'on ne pouvait, sans danger, la diminuer en aucune manière (voir le même ouvrage de M. Rodet, page 169). Les douze kilogrammes (paille, foin et avoine) qui composent la ration de cavalerie légère subissent déjà un déchet par le transport des magasins au quartier et par le partage qui a lieu à l'écurie; si, outre cette perte, on considère que, pendant plus de vingt mois, il y a eu cinq kilogrammes de nourriture avariée chaque jour sur chaque ration, il sera facile de se rendre compte comment le sang de nos chevaux, fatigués sans relâche par la faim, s'est trouvé appauvri, et comment ils ont pu devenir accessibles aux influences délétères

Voici ce que dit M. Moutonnet père à l'article *Causes prédisposantes et occasionnelles de la morve chronique et du farcin :*

« Tout ce qui peut priver le sang de ses parties ali-
» biles et l'amener à une sorte d'anhémie devient
» cause plus ou moins éloignée mais constante de la
» morve chronique et du farcin. La cause qui exerce
» l'influence la plus directe, la plus funeste sur l'éco-
» nomie animale, qui porte l'atteinte la plus profonde
» à la force vitale et à la composition intime des orga-
» nes par l'altération du sang, c'est la mauvaise qualité
» des aliments. Si le cheval est, de tous les animaux do-
» mestiques, le plus courageux, le plus fort, et en même
» temps le plus docile, il en est aussi le plus délicat,
» le plus difficile dans le choix de sa nourriture, dont
» la plus légère altération le dégoûte et occasionne chez
» lui de graves maladies : il veut, et c'est dans sa na-
» nature, des *aliments de première qualité.* Une longue
» expérience nous a prouvé que l'animal qui reçoit une
» nourriture abondante et saine peut résister long-
» temps aux causes de la morve, et c'est à juste titre
» que nous avons placé au premier rang de ces causes
» *l'emploi d'une nourriture avariée.*

Beaucoup de chevaux du régiment ont été placés, pendant quelques mois, avant le camp de Lyon, dans de très-mauvaises écuries en ville, dans la partie basse, le long de ce que l'on appelle la Grande-rue-de-Vienne; les écuries étaient sombres, humides ; le jour et l'air y avaient très-peu ou pas d'accès. Il serait peut-être d'une légèreté condamnable d'avancer que le séjour de nos chevaux dans de pareilles écuries a beaucoup favorisé l'action délétère de la morve et du farcin, mais il est vrai de dire que cela ne pouvait produire aucun bien et qu'il était à craindre que le contraire n'arrivât. De grandes raisons administratives, que nous ignorons d'ailleurs, ont sans doute donné lieu à cette mesure; mais il est à désirer que de pareilles circonstances ne se représentent plus. Nous signalerons aussi comme anti-hygiéniques les écuries du quartier principal de Vienne, du côté de la montagne dite Coupe-Jarret : elles sont de beaucoup au-dessous du sol, et pour y entrer ou en sortir, les chevaux ont à franchir une marche; de plus, les portes en sont étroites de manière à être dangereuses.

Dans les écuries de Saint-Gervais, celle du fond, qui n'est séparée du flanc escarpé de la montagne que de la largeur d'un mètre, était presque constamment humide, d'autant plus humide qu'elle était neuve; l'air y a peu de circulation, et lorsque, le matin, MM. les Officiers de semaine y entraient, à l'heure du repas des chevaux, ils étaient obligés d'en sortir promptement, repoussés par la plus détestable odeur. Les écuries de Tarbes, quoique bien aérées, ont le défaut, *relativement à la localité,* d'offrir leur grand côté aux vents d'ouest et sud-sud-ouest qui règnent dans le pays les deux tiers de l'année; en voyant la beauté des lieux et des constructions extérieures, on se surprend à regretter que l'agencement corrélatif de ce quartier n'ait pas été coordonné de manière à le rendre plus commode pour le service et la surveillance.

Écoutons encore, à l'égard des écuries, ce que nous dit M. Moutonnet père : « Si la digestion doit porter » dans le sang un chyle réparateur, ce chyle ne peut » servir à la nutrition si le sang qui le reçoit n'a subi » dans les poumons l'importante opération de l'hémato- » se : l'air qui pénètre dans les organes doit donc être » aussi pur que l'aliment introduit dans l'estomac ; s'il » n'est pas souvent renouvelé, s'il est chargé d'émana- » tions animales, de miasmes délétères, non seulement » il porte une action morbifique directe sur l'organe » pulmonaire, mais encore, par son mélange avec le » sang, il contribue puissamment à l'altération générale.

» L'humidité froide des écuries produit un effet non » moins nuisible à la santé des chevaux que l'altération » de l'air par l'accumulation des animaux, en arrêtant » l'importante fonction de la transpiration et en faisant » refluer et rentrer dans la circulation ces matières » nuisibles à la santé qui s'échappent par cette voie, et » qui, portées de nouveau dans l'intérieur des organes, » viennent en altérer la composition intime et troubler » leurs fonctions. »

Nous avons entendu regretter que les personnes qui ont souvent à décider sur les questions de fourrages, n'apportent pas à la prospérité de la cavalerie un intérêt d'affection, au moins d'amour-propre ; peut-être aurions-nous plus souvent gain de cause : elles comprendraient mieux, que les chevaux qui ont éprouvé de longues privations, deviennent nécessairement incapables d'une énergie soutenue et sont facilement accessibles aux influences délétères. Nous-mêmes ne résistons-nous pas d'autant mieux aux fatigues, aux intempéries, que notre sang se trouve plus riche en principes vitaux, ce qui n'a lieu en général que par une alimentation suffisante ?

La nourriture des chevaux doit donc être le premier de nos soins, l'objet de notre constante et incessante sollicitude. Vient ensuite la localité, l'espacement. On aurait beau mettre les chevaux dans des écuries comme celles de Bercy, par exemple, qui ont été bâties avec tout le luxe des écuries modèles, si les chevaux y reçoivent une nourriture malsaine, la morve chronique apparaîtra tôt ou tard, et sur dix chevaux blessés ou contusionnés on en comptera six ou sept chez lesquels le farcin se déclarera ; car, dit encore M. Moutonnet : « le farcin étant, sous une autre forme, une maladie » que nous regardons comme identique avec la morve » chronique et reconnaissant les mêmes causes, tout ce » que nous avons dit sur cette dernière maladie doit » lui être appliqué, et notre traitement préservatif en » arrête de même le progrès. »

Si, dans nos régiments, il est impossible de se mettre complètement à l'abri des ravages de la morve chronique et d'en détruire les causes à tout jamais, nous croyons du moins que l'on peut en neutraliser ou en diminuer les effets, en plaçant les chevaux dans de meilleures conditions d'existence, surtout dès le jeune âge. L'amélioration qui apparaît dans l'état sanitaire des chevaux, depuis l'arrivée du régiment à Tarbes, vient justifier toutes nos prévisions. A Vienne, nous avions 50 à 60 chevaux à l'infirmerie; ici nous n'en avons plus que 15 à 20. Comme le typhus et le scorbut, la morve chronique, le farcin et les influences délétères s'éloignent avec les causes qui les faisaient naître : refuser de reconnaître de pareils faits, c'est nier l'évidence; la cause du mal a subsisté long-temps à Vienne, et la morve et le farcin ont eu de profondes racines. L'escadron de Villeurbanne, qui recevait quelquefois des chevaux de la garnison, a aussi fourni, un peu moins cependant que ceux de Vienne, son contingent de victimes du fléau; une remarque qui doit puissamment contribuer à éloigner l'incertitude de l'esprit le plus rebelle, c'est que les dix chevaux douteux que nous avons à l'infirmerie sont tous venus de Vienne, et qu'il n'y en a pas eu *un seul* affecté de morve dans les trois remontes reçues à Tarbes; la première de ces remontes était de 50 chevaux; la seconde, de 76, la troisième, de 50.

La rigueur à laquelle sont souvent exposés MM. les Capitaines de semaine de la part des chefs de corps ne peut être un remède en rien, si l'action de MM. les Capitaines de distribution vient se heurter et se briser contre cette protection plus ou moins officielle qui couvre d'ordinaire MM. les Officiers comptables. Les difficultés qu'éprouvent presque toujours MM. les Capitaines de distribution à faire triompher des réclamations justes et fondées, les découragent, et ils inscrivent sur le registre *passable*, par la conviction qu'ils ont acquise qu'il est tout-à-fait inutile d'agir autrement : l'expérience, en pareille chose, a produit ce triste et fâcheux résultat, qui porterait à croire, s'il était permis de s'arrêter à une si décourageante impression, qu'une intégrité trop grande est devenue gênante!... surtout quand nous réfléchissons qu'une note inscrite de notre propre main sur le registre des distributions, pendant que les escadrons mobilisés étaient au camp, a été grattée dans le bureau de M. l'Officier comptable de Vienne.

Cette rature était une faute qui n'était pas sans une certaine gravité, qu'en d'autres temps on eût envisagée peut-être plus sérieusement que cela n'a été fait. Ne serait-il pas utile, dans l'intérêt du service, que M. le Vétérinaire pût être appelé à la distribution, dans un cas douteux, par M. le Capitaine de semaine, qui, se défiant de lui-même dans certaines circonstances, croirait devoir s'éclairer près d'un homme plus compétent ? Nous avons vu un officier réprimandé en pareil cas, et il lui fut objecté qu'il était sorti du règlement. Quel que soit le mérite d'un officier, nous croyons qu'il y en a peu d'infaillibles dans toutes les diverses branches d'un état qui se complique chaque jour davantage; ne voyons-nous pas souvent des hommes, même expérimentés et instruits, sentir le besoin d'en référer au savoir ou au jugement d'un autre ?

Depuis quelque temps l'idée de la contagion est battue en brêche; beaucoup de personnes qui ont des droits à la confiance publique, soutiennent que la morve chronique est contagieuse, du moins dans certains cas, et elles appuient leur avis d'exemples saillants et d'épreuves suivies avec soin ; d'autres, d'une réputation faite et d'un savoir incontestable, maintiennent que la morve chronique n'est nullement contagieuse. Le savant M. Moutonnet n'admet aucun doute à cet égard. Cependant nous avons sous les yeux quelques notes à ce sujet qui pourraient peut-être ébranler cette opinion. Pour être bref, nous ne citerons qu'un exemple et nous le présenterons avec d'autant plus de confiance que nous le devons à l'obligeance d'un de nos camarades, M. le sous-lieutenant Guilhemin, officier d'un mérite réel. Voici ce qu'il nous écrivait il y a quelque temps :

« Mon Capitaine,

« Comme vous m'en avez témoigné le désir, j'ai » l'honneur de vous donner quelques renseignements » sur la morve.

« Dans un village du département de l'Aude, un maî» tre de diligence acheta un jeune cheval pour l'em» ployer au service de sa voiture. Au bout de quelques » temps, il s'aperçut que ce cheval jetait ; il le fit visiter » immédiatement par un vétérinaire incapable qui lui » assura que le jetage provenait des gourmes et non de » la morve ; le maître de la diligence continua, en con» séquence, de faire travailler le cheval avec les autres ; » mais bientôt il paya cher la confiance aveugle qu'il » avait eue en son vétérinaire, car il s'aperçut que » presque tous les chevaux avaient des symptômes de

» morve très-prononcés; cependant le vétérinaire lui » promettait toujours de les guérir. Mais la maladie » étant devenue plus intense, le maire de la commune » en donna connaissance à M. le Préfet, qui envoya de » suite deux vétérinaires pour visiter les chevaux; ils » furent tous reconnus morveux, la contagion n'avait » pas même épargné un poulain de six mois.

» D'après un arrêté de M. le Préfet, tous les chevaux » furent abattus et l'autopsie prouva qu'ils étaient mor- » veux au troisième degré; le fait se passa pendant que » j'étais en semestre dans le village cité d'autre part.

« Votre dévoué, etc. »

Sans trop nous préoccuper de l'idée de la contagion, nous croyons qu'il est prudent de ne jamais laisser des chevaux malades au milieu de chevaux sains; cependant nous acceptons volontiers l'idée que la morve chronique n'est contagieuse que dans certains cas, dans celui, par exemple, où elle a revêtu le caractère aigu; nous n'avons enregistré qu'un seul exemple de deux chevaux voisins, atteints de la morve, précisément dans cette condition : c'est le cheval de M. le lieutenant Bobillier et celui de son ordonnance, dans le 2me escadron, détaché à Villeurbanne, près de Lyon.

On remarque aussi généralement que la morve chronique n'existe guère qu'au milieu des agglomérations, chez les maîtres de poste (1), par exemple, et dans les

(1) Nous avons vu chez bien des maîtres de poste de détestables écuries, où des chevaux couverts de sueur étaient exposés à un courant d'air froid et humide.

régiments, c'est-à-dire, au milieu de sujets soumis aux mêmes causes destructives, soit dans le régime alimentaire, soit dans un air ambiant insalubre, soit, enfin, par des écarts dans le système hygiénique.

On voit peu de morve dans les camps; en route, on entend rarement parler d'un cheval déclaré morveux. Ne pourrait-on pas faire l'essai de quelques escadrons cantonnés dans des fermes, ayant leurs chevaux placés par trois ou par six dans des écuries bien exposées et suffisamment aérées, ou sous des hangars bien abrités ?

A la vérité, l'affluence de jeunes chevaux et de recrues qui arrivent tous les ans dans les corps, et n'y trouvent qu'un personnel insuffisant de sous-officiers et de brigadiers, permettrait difficilement cette mesure; mais pourra-t-on laisser subsister plus long-temps une organisation qui fait que tout est pour le plus mal, quand tout devrait être pour le mieux? Les cavaliers de la 1re classe sont absorbés par les remontes et les détachements (sans compter les libérés du service par anticipation); les chevaux à l'escadron sont continuellement montés par des recrues; de retour aux écuries, ces mêmes chevaux retombent encore, pour les soins, entre les mêmes mains inhabiles; d'un autre côté, la surveillance des détails est-elle suffisamment assurée? Malheureusement non. Ne voyons-nous pas tous les jours des pelotons n'ayant, pour surveiller les soins minutieux mais importants de toutes les heures, qu'un seul brigadier, quelquefois nouvellement promu, et à qui il manque par conséquent l'expérience et l'habitude de voir et d'observer?.... Mais espérons que nous aurons un jour à saluer avec reconnaissance quelques officiers généraux qui utiliseront leurs talents à nous sauver de la décadence qui menace notre cavalerie!....

On a voulu se perdre en conjectures au sujet de la morve chronique et du farcin. Que de notes ont été demandées! que de questions ont été faites! que de soins minutieux poussés à l'extrême dans les choses tout accessoires et secondaires, quand il n'y avait qu'un coup à porter à l'unique cause originelle du mal : la mauvaise alimentation, l'insuffisance de la quantité des aliments; d'autant plus que, sur la ration complète de 12 kilogrammes par jour, il y avait, comme nous l'avons déjà dit, 5 kilogrammes au moins d'aliments avariés, ayant subi un commencement de décomposition. Sans doute, des faits si graves, de l'évidence la plus concluante, seront pris en considération : c'est le vœu de tous les véritables officiers de cavalerie. Aussi souhaitons-nous qu'un plus capable l'exprime de manière à lui donner créance en haut lieu. Nous avons cru devoir réunir en un rapport les renseignements et les observations qui ont été demandés. Comme nous avons été interrogé avec la plus loyale bonne foi, et dans l'intérêt seul du bien, nous avons employé la plus grande réflexion à faire le résumé des causes de cette maladie, et nous avons écrit ce mémoire avec toute la franchise de notre caractère et toute la liberté de notre opinion.

Nous renvoyons celui qui, à l'aide d'un patronage occulte, inexplicaple pour nous, a imposé au régiment les mauvais fourrages de Vienne, pendant 20 mois, au jugement de sa propre conscience : elle lui dira qu'il a trahi ses devoirs !

Deux grandes questions se présentent incessamment à l'esprit de l'homme qui prend à cœur l'état de la cavalerie : la première, c'est d'avoir de bons chevaux ; la seconde, c'est de doter l'arme d'une organisation qui lui soit propre. Ceux qui voient les choses de près, qui y réfléchissent chaque jour, vivant au milieu des détails, avoueront que ce qui existe aujourd'hui est diamétralement opposé aux intérêts et au service de la cavalerie. Nous avons beaucoup de chevaux, mais nous en avons peu de bons, et cela sera peut-être long-temps ainsi, tant qu'on n'exclura pas rigoureusement de la reproduction toutes les juments qui ne sont pas bien établies, et qu'on ne leur donnera pas des étalons irréprochables dans les conditions principales, des aliments *de première qualité*, ainsi qu'à leurs produits, en employant en temps utile les prairies artificielles, augmentant la ration de paille, diminuant la ration de foin et augmentant celle d'avoine.

Quant à l'organisation, il paraît de première nécessité qu'il y ait en toute circonstance un homme par cheval, et que les cadres soient enfin rendus plus complets; il y a trop peu de sous-officiers et de brigadiers dans les corps pour un mouvement perpétuel de jeunes soldats et de jeunes chevaux comme celui qui existe. La loi de recrutement, telle qu'elle est aujourd'hui, ne peut donner qu'une cavalerie faible et onéreuse ; car il est constant que chaque escadron, une partie des jeunes chevaux et les chevaux à réformer déduits, ne pourrait présenter en moyenne que 95 chevaux à mettre en campagne ; comme l'on sait, la cavalerie ne s'improvise pas ! Les prescriptions de l'ordonnance du 6 décembre 1829 deviennent souvent inapplicables : MM. les Officiers, outre le service de leur grade, transformés en instructeurs à perpétuité, ne laissent pas assez souvent reposer leurs pensées sur les questions d'hygiène, dont ils devraient faire l'objet de méditations habituelles ; en un mot, un assez lourd fardeau se fait sentir, à côté d'incertaines et lointaines espérances, et le cœur humain est ainsi fait, qu'il ne peut accepter long-temps de pareilles conditions sans être atteint par le découragement. Laisser à la cavalerie une organisation aussi hostile à sa nature, c'est se condamner à avoir sans cesse devant les yeux la critique vivante de ses propres actes ; et quand on n'a pas fait tout ce qu'il fallait faire pour qu'une chose arrive à bien, est-il permis d'être étonné de l'imperfection, des défectuosités de cette œuvre ?

Il faudrait donc mettre les cadres en rapport avec le nombre des jeunes soldats et des jeunes chevaux qui arrivent chaque année dans les corps ; s'attacher non seulement à créer de bons cadres, mais encore chercher à les conserver par un encouragement quelconque ; ne jamais laisser arriver dans les régiments des chevaux de 3 et 4 ans, et déterminer une ou deux époques fixes dans l'année pour l'incorporation des recrues, des engagés volontaires et enfin des remplaçants, puisqu'il faut subir cette dernière catégorie.

Quand nous aurons de bons chevaux, de bons cadres, mis en harmonie avec tout le reste du service, assez d'hommes dans les régiments pour qu'il y ait en toute circonstance un cavalier par cheval, et une nourriture pour les chevaux saine et suffisante, alors seulement nous aurons de la cavalerie.

La France est merveilleusement en état d'atteindre ce but: elle présente par ses immenses ressources en tout genre un caractère de grandeur imposant, et Dieu semble l'avoir créée puissante comme à dessein; mais que nos espérances se réalisent tôt ou tard, elles soutiendront toujours les officiers, qui ne sauraient oublier qu'ils doivent avant tout, à leur pays, de se montrer, de tous leurs moyens, hommes utiles et dévoués.

www.ingramcontent.com/pod-product-compliance
Ingram Content Group UK Ltd.
Pitfield, Milton Keynes, MK11 3LW, UK
UKHW021032260726
13994UKWH00005B/2110